U0212720

发现更多·6+

恐龙

【美】佩内洛普·阿隆　【美】托里·高登－哈里斯/著
袁　帅/译　　苗雨雁/审订

天津出版传媒集团
新蕾出版社

如何阅读本书

在开始之前,请你先来了解一下如何阅读本书,这可以帮助你获得更多的阅读乐趣。

恐龙探险之旅

这本书将穿越时空,向你介绍生活在三叠纪、侏罗纪和白垩纪的恐龙。与此同时,你还能了解化石、"化石猎人"和恐龙世界的多项惊人纪录。

这段文字带你进入恐龙大战的场景。

此处介绍了剑龙及其对手——异特龙。

在这里,你可以了解每种恐龙的食性、身材大小等许多有趣的知识。

名字的意思:
奇特的恐龙
食性:肉食性
生活的时代:
侏罗纪

剑龙 对阵 异特龙

剑龙是大型植食性恐龙,背部生有巨大的骨板。虽然它们体型庞大,但也要小心提防异特龙!

搏斗

异特龙如果杀死剑龙,就有够吃几个星期的食物了。让我们一起看看它们如何搏斗吧。

剑龙

名字的意思:
背部有剑形骨板的恐龙

食性:植食性

异特龙

名字的意思:
奇特的恐龙

食性:肉食性

生活的时代:
侏罗纪

剑龙

42

战况:二者体力相当,但异特龙有更大的大脑,因此用智慧取得了

更多知识、更多乐趣、更多互动,
尽在《恐龙大对决》!
登陆新蕾官网 www.newbuds.cn
下载你的互动电子书吧!

快来观看激烈的恐龙大战吧!

这段文字描述了图中的对阵场面并介绍了一些小常识。

顶部的时间轴指示恐龙生活的地质年代。

三叠纪　侏罗纪　白垩纪

防止异特龙压在身上。

剑龙尾部生有尖刺，猛力摆尾能刺穿异特龙并将其击倒在地。

异特龙的下巴能张开到让人难以置信的角度，用许多又小又尖的牙齿咬猎物。

异特龙有又长又敏捷的后腿，跑得飞快。

异特龙

钩状的爪能钳牢并撕拉猎物的肉。

异特龙能用前肢夹紧剑龙的脖子，再顺势咬它的脖子。

发现更多
更多关于剑龙对阵原角龙的场景，请见56~57页。

此处标注了，恐龙的名字。

▶▶ **发现更多**
根据提示翻到相关页面，可以了解更多相关知识。

底部的文字会告诉你一个小知识，有时也会向你发问。

在目录中找到你喜欢的内容。

在词汇表中查找并学习新的词汇。

在索引中找到关键词并查询它所在的页码。

点击弹出窗口，了解相关知识。

百科全书条目，更多精彩发现。

有趣的恐龙知识小测验。

图书在版编目（CIP）数据

恐龙 / (美) 阿隆 (Arlon, P.) , (美) 高登－哈里斯
(Gordon-Harris, T.) 著；袁帅译. -- 天津：新蕾出版
社，2016.3(2017.10 重印)
(发现更多·6+)
书名原文：Dinosaur
ISBN 978-7-5307-6316-2

Ⅰ.①恐… Ⅱ.①阿… ②高… ③袁… Ⅲ.①恐龙—
儿童读物 Ⅳ.①Q915.864-49

中国版本图书馆 CIP 数据核字(2015)第 274767 号

DINOSAURS
Copyright © 2012 by Scholastic Inc.
Originally published by Scholastic Inc. as SCHOLASTIC
Discover More™. SCHOLASTIC, SCHOLASTIC Discover More
and associated logos are trademarks and/or registered trademarks
of Scholastic Inc. Simplified Chinese translation copyright ©
2016 by New Buds Publishing House (Tianjin) Limited Company.
ALL RIGHTS RESERVED
津图登字：02-2013-68

出版发行：天津出版传媒集团
　　　　　新蕾出版社
　　　　　e-mail：newbuds@public.tpt.tj.cn
　　　　　http://www.newbuds.cn
地　　址：天津市和平区西康路 35 号(300051)
出 版 人：马　梅
电　　话：总编办 (022)23332422
　　　　　发行部 (022)23332679　23332677
传　　真：(022)23332422
经　　销：全国新华书店
印　　刷：北京盛通印刷股份有限公司
开　　本：889mm×1194mm　1/16
印　　张：5
版　　次：2016 年 3 月第 1 版　2017 年 10 月第 2 次印刷
定　　价：39.80 元

著作权所有，请勿擅用本书制作各类出版物，违者必究。
如发现印、装质量问题，影响阅读，请与本社发行部联系调换。
地址：天津市和平区西康路 35 号
电话：(022)23332677　邮编：300051

目 录

恐龙的世界

三叠纪和侏罗纪的恐龙

恐龙的世界

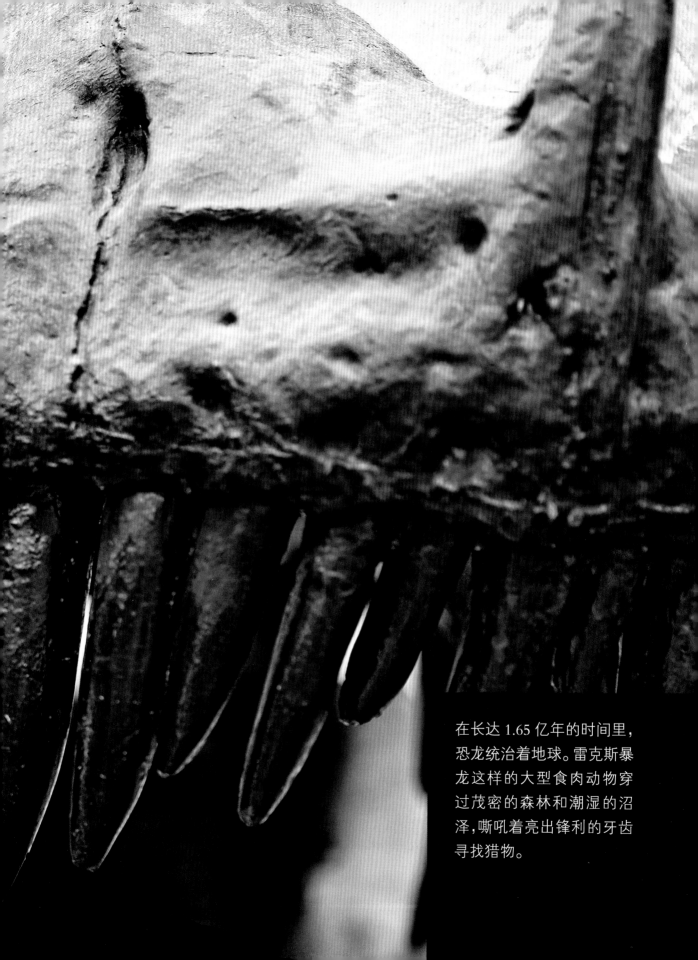

在长达 1.65 亿年的时间里，恐龙统治着地球。雷克斯暴龙这样的大型食肉动物穿过茂密的森林和潮湿的沼泽，嘶吼着亮出锋利的牙齿寻找猎物。

什么是恐龙？

恐龙是亿万年前生活在地球上的动物，其中有些种类是陆地上生存过的体型最庞大的动物。

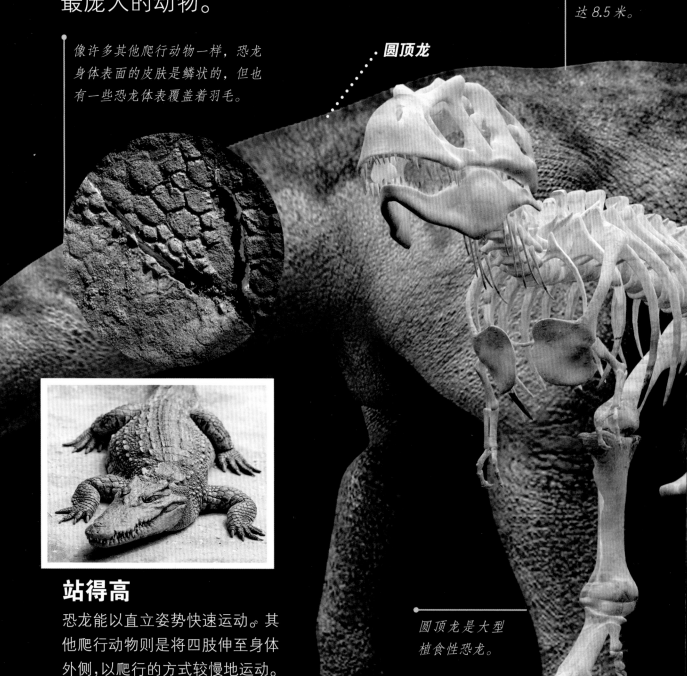

像许多其他爬行动物一样，恐龙身体表面的皮肤是鳞状的，但也有一些恐龙体表覆盖着羽毛。

圆顶龙

圆顶龙是体型庞大的恐龙，身长可达 8.5 米。

圆顶龙是大型植食性恐龙。

站得高

恐龙能以直立姿势快速运动。其他爬行动物则是将四肢伸至身体外侧，以爬行的方式较慢地运动。

海洋中没有恐龙，只有少数几种恐龙能在空中滑翔，因此恐龙主要在陆地上生活

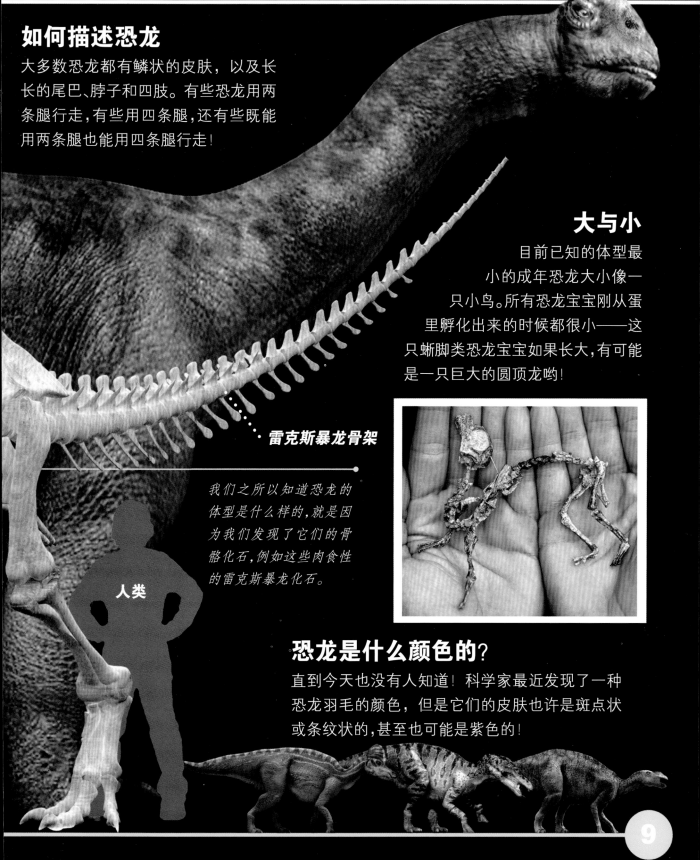

如何描述恐龙

大多数恐龙都有鳞状的皮肤，以及长长的尾巴、脖子和四肢。有些恐龙用两条腿行走，有些用四条腿，还有些既能用两条腿也能用四条腿行走！

大与小

目前已知的体型最小的成年恐龙大小像一只小鸟。所有恐龙宝宝刚从蛋里孵化出来的时候都很小——这只蜥脚类恐龙宝宝如果长大，有可能是一只巨大的圆顶龙哟！

雷克斯暴龙骨架

我们之所以知道恐龙的体型是什么样的，就是因为我们发现了它们的骨骼化石，例如这些肉食性的雷克斯暴龙化石。

人类

恐龙是什么颜色的？

直到今天也没有人知道！科学家最近发现了一种恐龙羽毛的颜色，但是它们的皮肤也许是斑点状或条纹状的，甚至也可能是紫色的！

恐龙明星

在地球上生存过的已知生物中，恐龙是最令人震惊的动物，恐龙世界的多项纪录实在让人叹为观止！

最大的食肉动物

南方巨兽龙是最大的肉食性恐龙之一，它们可能捕食巨大的阿根廷龙。那会是多么惊人的场景啊！

最快的跑步能手

外形酷似鸵鸟的似鸡龙奔跑速度大概能达到 65 千米/时，差不多跟赛马一样快。

最大的头骨

牛角龙有一个长达 2.6 米的巨大头骨。

最先进入太空

1985 年，几块慈母龙的骨骼和蛋壳化石搭乘航天飞机进入了太空。

最大的恐龙

阿根廷龙身长可以达到 35 米。相当于五头非洲象伸直鼻子和尾巴首尾相连站成一列的长度！

微肿头龙（Micropachycephalosaurus）是英文名最长的恐龙。

牙齿最多的恐龙

有些植食性鸭嘴龙有多达 1000 颗颊齿，它们生在上下颌的两侧，用以磨碎食物。

最不可思议的恐龙

镰刀龙是长相非常奇怪的植食性恐龙，它的上肢很长，末端生有巨大的爪。

最聪明的恐龙

恐爪龙是狡猾而且奔跑迅速的恐龙，相对于体型而言，它们的大脑算是相当大了。

最小的恐龙

小盗龙是体型最小的恐龙之一。它的大小跟一只鸽子差不多。

最棒的盔甲

甲龙有超级坚硬的板状皮肤，上面布满了硬刺。它还有一条棒状的尾巴。

地球上的生命

恐龙生活在距今 2.3 亿~6500 万年前。这可是很古老的时代了。科学家将地球生命的演化历史划分为不同的时间单位——"代"和"纪"。下面是恐龙和在恐龙出现前后不同地质年代生活的一些动物。

前寒武纪

生命最初以微小的水生生物形式在地球上出现。

古生代

最早的陆生动物出现了：如昆虫、爬行动物和大齿兽类（早期的似哺乳动物）。

四足动物

大约 3.5 亿年前，生有肺和四肢的鱼首次登陆，陆地上的生命活动开始了。

异齿龙

到古生代晚期，像异齿龙这样的大型爬行动物就出现在地球上了。

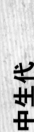

蜻蜓

三叠纪腔骨龙

中生代

恐龙出现。中生代分为三个纪：三叠纪、侏罗纪和白垩纪。

大灭绝

很多生物从此消失。

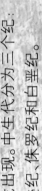

三叠纪

中生代的三个纪：

三叠纪：2.51 亿~1.99 亿年前。

侏罗纪：1.99 亿~1.45 亿年前。

白垩纪：1.45 亿~6500 万年前。

白垩纪伶盗龙

侏罗纪异特龙

白垩纪

大灭绝

很多恐龙和其他生物灭绝。

猛犸象

新生代

恐龙灭绝以后，哺乳动物体型开始变大，并成为陆地上体型最大的动物。

剑齿虎

人类

智人（即现代人）在大约 20 万年前出现。

今天

猛犸象大约在 5000 年前就灭绝了。

13

初识恐龙

在接下来的 4 页里，将为你介绍 12 种恐龙，从最早出现的到最晚从地球上消失的。化石记录表明，这些恐龙大小不同，体型各异。

埃雷拉龙是目前已知最早出现的恐龙。

梁龙是行动缓慢、体型庞大的植食性恐龙。

腔骨龙是奔跑迅速、行动敏捷的早期肉食性恐龙。

埃雷拉龙

生活时代：
2.28 亿年前
身高：1.2 米
体长：3.9 米
化石发现地：
阿根廷

腔骨龙

生活时代：
2.1 亿年前
身高：1.2 米
体长：2.7 米
化石发现地：
美国

梁龙

生活时代：
1.5 亿年前
身高：5 米
体长：27 米
化石发现地：
美国

这些恐龙吃什么？在哪里栖息？它们可能有哪些敌人？快来书中寻找答案吧

禽龙体型巨大，拇指生有防御用的尖爪。

剑龙是巨大的植食性恐龙，背上生有两排坚硬的骨板。

美颌龙是体型最小的恐龙之一。

美颌龙

生活时代：
1.5 亿年前
身高：0.25 米
体长：1.2 米
化石发现地：
德国和法国

剑龙

生活时代：
1.5 亿年前
身高：2.7 米
体长：9 米
化石发现地：
美国和葡萄牙

禽龙

生活时代：
1.25 亿年前
身高：2.7 米
体长：9 米
化石发现地：
欧洲、北美洲、亚洲和非洲北部

随着时间的推移,恐龙不断改变体型,也不断找到新的御敌方式。大约距今 6500 万年前,恐龙达到了全盛时期。

棘龙背上生有巨大的帆状物,是吃鱼的大型恐龙。

埃德蒙顿龙可能为了安全而群居生活。

伶盗龙体表生有羽毛,有群体捕猎的习性。

棘龙

生活时代:
9900 万 ~
9300 万年前
身高:6.1 米
体长:15.8 米
化石发现地:
埃及和摩洛哥

埃德蒙顿龙

生活时代:
7500 万年前
身高:2.7 米
体长:12.8 米
化石发现地:
加拿大和美国

伶盗龙

生活时代:
7500 万 ~
7100 万年前
身高:1 米
体长:1.8 米
化石发现地:
蒙古、俄罗斯
和中国

目前已知的恐龙有大约 540 种,但实际生存过的恐龙可能多达 900 种,甚至更

雷克斯暴龙的牙齿比
已知的其他恐龙的牙
齿都大。

为了保护自己,甲龙体
表生有非常结实的装
甲,还有一条棒状的尾
巴。

三角龙生有
巨大的角和
头盾。

甲龙
生活时代:
7000 万 ~
6500 万年前
身高:1.21 米
体长:10 米
化石发现地:
加拿大和美国

雷克斯暴龙
生活时代:
7000 万 ~
6500 万年前
身高:6.1 米
体长:12.4 米
化石发现地:
美国和蒙古

三角龙
生活时代:
7000 万 ~
6500 万年前
身高:2.1 米
体长:9 米
化石发现地:
加拿大和美国

恐龙侦探

没有人见过活着的恐龙，我们只能通过研究恐龙化石来推断关于恐龙的一切。不过，多做一点儿侦探工作，古生物学家也许就能知道恐龙长什么样、有哪些行为或习性。

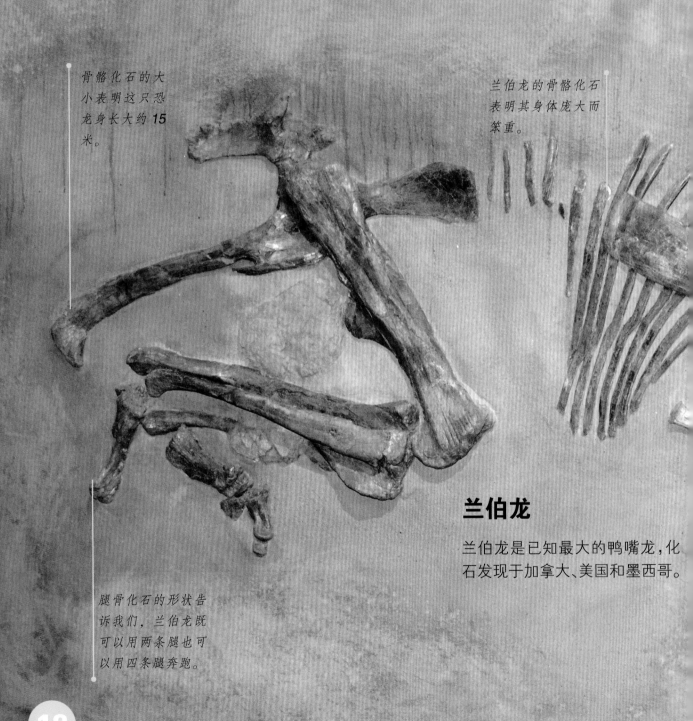

骨骼化石的大小表明这只恐龙身长大约15米。

兰伯龙的骨骼化石表明其身体庞大而笨重。

兰伯龙

兰伯龙是已知最大的鸭嘴龙，化石发现于加拿大、美国和墨西哥。

腿骨化石的形状告诉我们，兰伯龙既可以用两条腿也可以用四条腿奔跑。

对化石周围岩石的研究表明，兰伯龙生活在白垩纪。

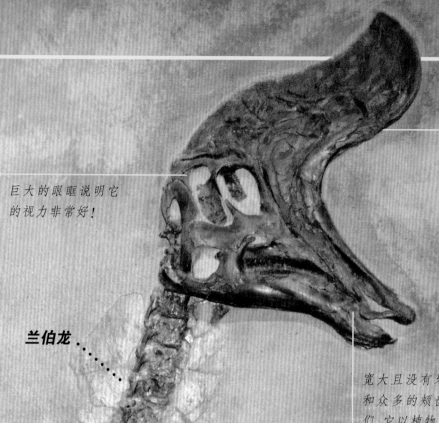

巨大的眼眶说明它
的视力非常好！

向上伸入头冠的鼻
孔表明它也许可以
发出响亮的叫声。

▶▶▶ **发现更多**

更多关于鸭嘴龙的
知识，请见 52~53
页。

兰伯龙 ....

宽大且没有牙齿的喙
和众多的颊齿告诉我
们，它以植物为食。

化石是怎样形成的

① 被掩埋的骨骼

动物尸体被泥沙迅速
掩埋。一段时间以后，
骨骼被矿物质取代并
在压力等作用下成为
岩石。

② 化石

千百万年来，在风吹、
雨淋和冰蚀等风化作
用下，周围的岩石被消
磨殆尽，埋藏在地层中
的古生物遗骸重新露
出地表。这就是我们今
天所说的化石。

来自化石的线索

骨骼

骨骼化石能帮助我们了解恐龙的体型,化石周围的岩石还能为古生物学家推测恐龙的生活年代提供线索。

脚印

足迹化石的形状和步幅能告诉科学家这种动物能跑多快、体重多少以及是否群体活动。

皮肤

目前只发现少数几件恐龙的皮肤或皮肤印痕化石。但是由此我们就能知道恐龙生有鳞状的皮肤。

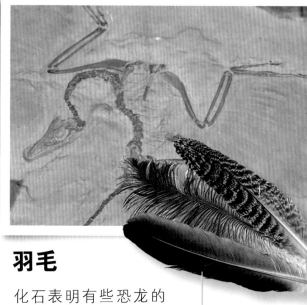

羽毛

化石表明有些恐龙的体表生有羽毛。

这些羽毛跟鸟类的羽毛十分相似。

新的化石证据层出不穷,还有更多奥秘等待我们去探索和发现!

粪便

粪化石就是动物粪便变成的化石。恐龙的粪化石能告诉我们它上一餐究竟吃了什么，因为其中可能含有种子、木屑、叶子、鱼或骨头。

蛋

蛋化石证明恐龙是卵生的。科学家发现了与成年恐龙化石一起保存的蛋化石，说明有些恐龙能照顾自己的卵。

植物

在恐龙骨骼旁发现的植物化石也给我们提供了很多信息，比如当时有哪些植物，恐龙可能吃什么。

今天的动物

科学家研究现生动物，并尝试由此解释恐龙可能具有的行为。这种非洲野狗集体捕猎，也许很多恐龙也是如此！

恐龙猜猜看

通常情况下，人们发现的只是恐龙身体少数几部分的化石。因此，古生物学家只能推测恐龙的整体形态。有很多不同观点，还有很多未知等着人类去发现！

孤单的头骨

目前只找到一件肿头龙的头骨化石，其顶部是一个极为坚硬的圆顶。

有些古生物学家认为雄性肿头龙以头彼此顶撞来争夺雌性配偶。

想象恐龙的模样

将肿头龙的头骨和其他恐龙的头骨进行对比后，科学家认为，肿头龙可能身体笨重，两足行走，有一条沉重的尾巴帮助身体保持平衡。

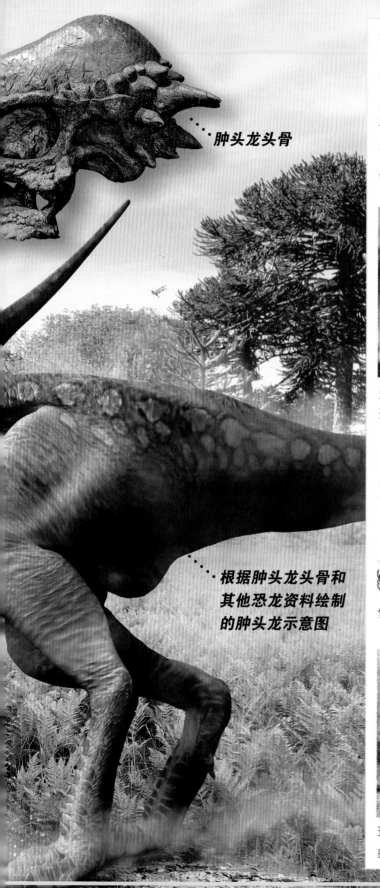

肿头龙头骨

根据肿头龙头骨和
其他恐龙资料绘制
的肿头龙示意图

禽龙之谜

1825 年，当英国古生物学家吉迪恩·曼特尔挖出禽龙骨骼化石的时候，关于恐龙的研究才刚刚开始，因此他的想法也难免有错。但到了 1834 年，一具更完整的禽龙骨骼化石被发现了。

曼特尔认为禽龙是一种外形像哺乳动物的恐龙。

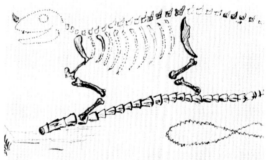

他还误认为禽龙的尖爪长在鼻子上面！

现在我们知道，禽龙是前肢拇指上生有尖爪的恐龙。

恐龙

三叠纪和侏罗纪的

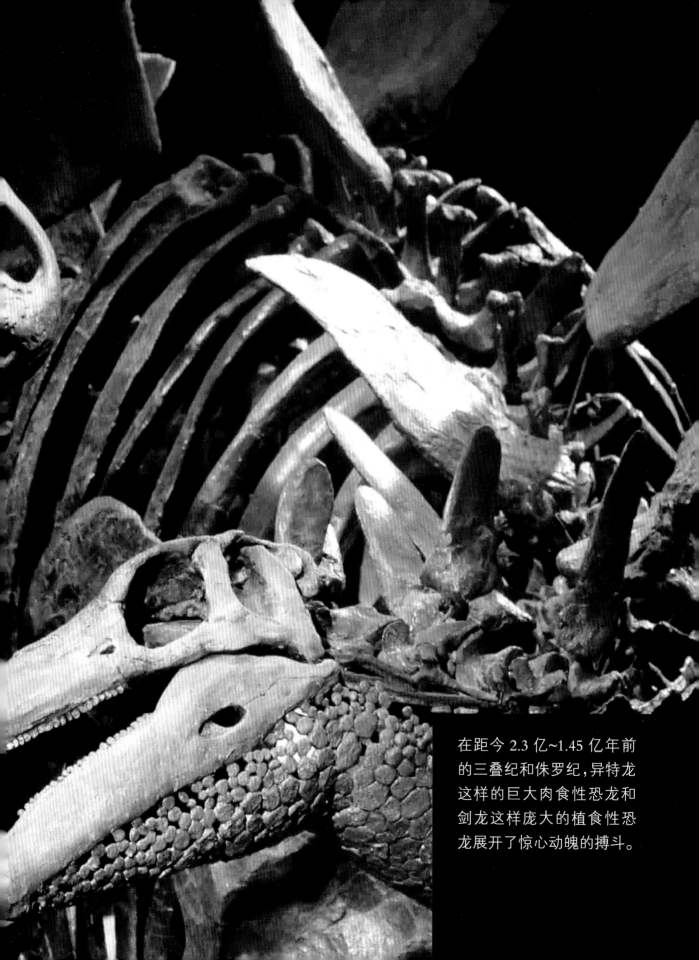

在距今 2.3 亿~1.45 亿年前的三叠纪和侏罗纪，异特龙这样的巨大肉食性恐龙和剑龙这样庞大的植食性恐龙展开了惊心动魄的搏斗。

三叠纪和侏罗纪

恐龙最早出现在三叠纪。到侏罗纪末期,巨大的肉食性恐龙和庞然大物般的植食性恐龙就在地球上漫步了。

怪嘴龙

鼠龙

双棘龙

嗜鸟龙

始祖鸟

埃雷拉龙

锐龙

棱背龙

畸齿龙

恐龙大集合

异特龙

美颌龙

蜀龙

轻巧龙

钉状龙

板龙

巨脚龙

橡树龙

始盗龙

单棘龙

迷惑龙

27

其他古生物

恐龙并不在水中生活，但是就在它们在陆地上漫游的同时，其他一些巨大的肉食性爬行动物也在海洋的波涛下游动，有些甚至在空中飞翔！

翼龙

滑齿龙

滑齿龙体型巨大，体长可达10米。

海洋巨兽

类似滑齿龙的爬行动物可以长到跟恐龙差不多大。它们和恐龙一样，也在同一时期灭绝了，因此今天的海洋里已经没有它们的身影了。

巨大的海洋爬行动物早已灭绝。

还有谁在陆地上生活过?

恐龙并不是史前时代唯一的陆生动物类群。

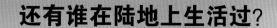

翼龙是会飞的大型爬行动物,有些种类的大小和小型飞机差不多。

鱼龙的体型像鱼,事实上它们是爬行动物。

蜻蜓等昆虫早在恐龙出现之前就存在了,它们也陪伴过恐龙,并且一直活跃到今天。

巨大的陆生爬行动物也会猎食恐龙。其中有些种类的身体有公共汽车那么长!

鱼龙

恐龙时代的哺乳动物体型都很小。很多种类看起来跟今天的老鼠和鼩鼱很像。

但是一些鱼类等海洋生物至今还保持着恐龙时代的样子。

埃雷拉龙

埃雷拉龙是目前已知最古老的恐龙，大约生活在距今 2.28 亿年前。1956 年南美洲的一位农夫首次发现了埃雷拉龙的化石。

头骨长而窄，嘴尖，生有很多小而尖利的牙齿，可以咬住猎物。

早期的食肉动物

埃雷拉龙是当时最大的肉食性恐龙之一，用两条腿奔跑，有一条长长的尾巴来保持身体平衡。

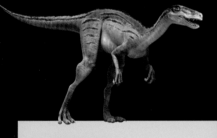

埃雷拉龙

名字的意思：
埃雷拉发现的恐龙

生活的时代：
三叠纪

食性：肉食性

发现！

如果你发现了恐龙新种，就有可能用你的名字给它命名哟！维多里诺·埃雷拉就是第一个发现埃雷拉龙化石的那位阿根廷农夫。

1988 年，第一个完整的埃雷拉龙头骨化石被发现。

腔骨龙

腔骨龙生活在三叠纪，是行动敏捷、性狡猾的肉食性恐龙，差不多有一辆汽车那么大。

腔骨龙的眼睛很大，因此它在捕猎时能够看得很清楚。

瞬间死亡？

人们在新墨西哥的幽灵牧场发现很多保存在一起的腔骨龙化石。仿佛是一场巨大的灾难，比如一次大洪水，突然把它们杀死了。

心！

腔骨龙与其他三叠纪动物之间战事不断，它们能捕猎更小的动物，但会被更大的肉食恐龙攻击，例如，会被校车那么长的一般的植龙捕食。

腔骨龙跑得很快，能追上其他小型爬行动物。

腔骨龙

名字的意思：
骨骼中空状的恐龙

生活的时代：
三叠纪

食性： 肉食性

31

两位古生物学家都雇佣工人在美国多地挖掘化石。

详细报道这"化石大战"报纸

奥赛内尔·查尔斯·马什命名过许多恐龙,尤其是著名的三角龙、梁龙、剑龙、角鼻龙和异特龙。

奥赛内尔·查尔斯·马什

这种鹤嘴锄,被称为"马什锄",已经成为所有古生物学家常用的工具。

角鼻龙骨架

马什及其队友在 1870 年的合影

角鼻龙头骨

这副角鼻龙骨架图就是根据马什的发现绘制的。

马什的罗盘

马什发现了80种恐

"化石大战"

在 19 世纪晚期，两位美国古生物学家——马什和科普——发现了很多恐龙。他们两位激烈地竞争，都想成为发现恐龙种数最多的人。

科普的头骨

恐龙的
爪化石

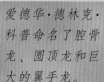

爱德华·德林克·科普命名了腔骨龙、圆顶龙和巨大的翼手龙。

爱德华·德林克·科普

科普在 19 世纪 90 年代采集的化石标本，通常都这样用报纸包装起来。

龙竞赛

什和科普采
有赂手段盗
化石，甚至以毁
部分化石的方式
他人发现。两
马还曾互掷石块！但是他们
一共发现了 136 种恐龙！

科普的野外
工作日记

33

科普发现了 56 种——马什赢了！

恐龙蛋

恐龙以产卵方式繁衍后代。我们得出这一结论是因为已经发现了恐龙蛋和巢的化石，有些巢里还保存着恐龙蛋和恐龙宝宝的化石呢。

巨大的蛋

这枚巨大的蛋发现于中国，推测属于镰刀龙，是迄今发现的最大的恐龙蛋。

慈母龙

人们在美国蒙大拿州发现很多慈母龙的巢穴化石。这些巢穴是在泥土中挖出的一个个洞穴，彼此距离很近，这表明慈母龙是群居生活的。

巢穴中发现的慈母龙幼崽化石有细小的腿骨，这说明慈母龙妈妈需要喂养和照料宝宝。

▶▶ **发现更多**

更多关于原角龙的知识，请见 56~57 页。

美国蒙大拿州有一处发现许多慈母龙巢穴的化石产地，

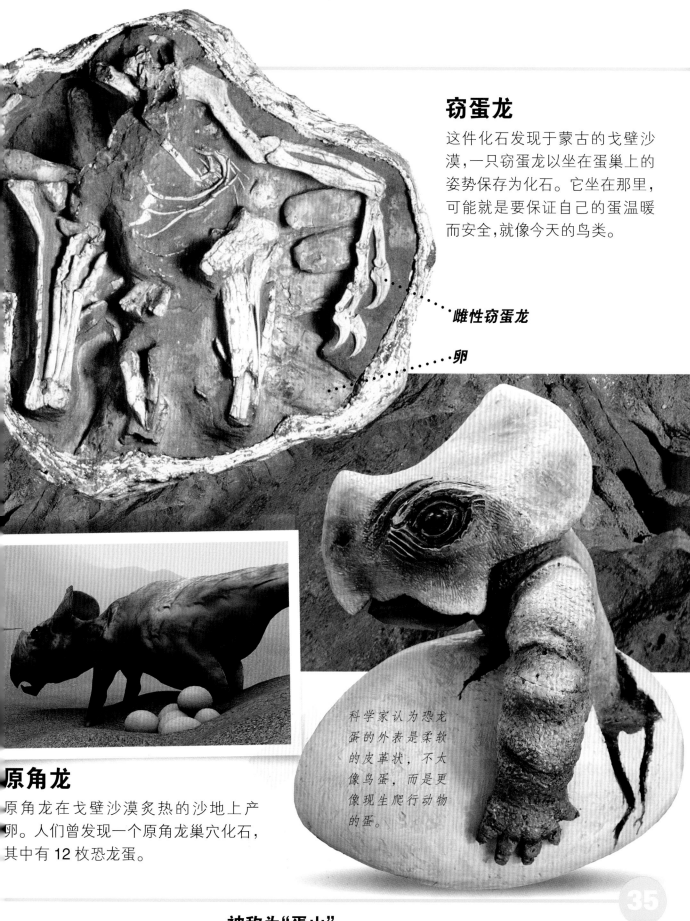

窃蛋龙

这件化石发现于蒙古的戈壁沙漠，一只窃蛋龙以坐在蛋巢上的姿势保存为化石。它坐在那里，可能就是要保证自己的蛋温暖而安全，就像今天的鸟类。

雌性窃蛋龙

卵

科学家认为恐龙蛋的外表是柔软的皮革状，不太像鸟蛋，而是更像现生爬行动物的蛋。

原角龙

原角龙在戈壁沙漠炙热的沙地上产卵。人们曾发现一个原角龙巢穴化石，其中有 12 枚恐龙蛋。

被称为"蛋山"。

梁龙

梁龙四足行走，腿粗壮结实，行动缓慢。

到了侏罗纪，一些体型极为庞大的恐龙出现了。梁龙就是体型超大的蜥脚类恐龙家族的一员。

有观点认为梁龙是边走边产卵的。

梁龙

名字的意思：
尾下有双叉形骨，像两根梁的恐龙

生活的时代：
侏罗纪

食性：植食性

牙齿

梁龙上下颌的前端生有许多细小的钉状齿，能扯下植物的叶片。嘴的后部没有牙齿，因此它可能不加咀嚼就把食物吞下去了。

梁龙的牙齿

梁龙可能吞食小石子，以帮助胃研磨尚未嚼烂的植物。

大胃王

梁龙的食量跟体型一样巨大。为了维持庞大的身材，它们每天的进食时间可能长达 20 个小时。

梁龙的身长跟两辆公共汽车的长度差不多！

梁龙有一条长长的尾巴，可以用来驱赶敌人。

发现更多

更多关于蜥脚类恐龙的知识，请见下面几页。

脚印

蜥脚类恐龙集群行走留下的脚印化石告诉我们：它们很可能群居生活。快来想象一大群梁龙在地球上漫步的景象吧！

每个脚印都跟儿童的浴缸一样大！

超级巨龙

蜥脚类恐龙是目前已知的陆地上生活过的最长、最高、最重的动物。它们实在是太大了！

欧罗巴龙的躯干（不包括四肢）和成年的牛大小相似。

阿根廷龙的蛋有足球那么大。

阿根廷龙
体长：35米

欧罗巴龙
体长：6米

阿根廷龙

无论在蜥脚类恐龙中还是在所有已知的陆生动物中，阿根廷龙可能都是体型最大的。它真是无与伦比的庞然大物——差不多和14头大象一样重！

欧罗巴龙

科学家曾经以为欧罗巴龙（化石）是其他蜥脚类恐龙的幼年个体，不过后来他们发现这只恐龙已经成年，就是一种迷你的蜥脚类恐龙。

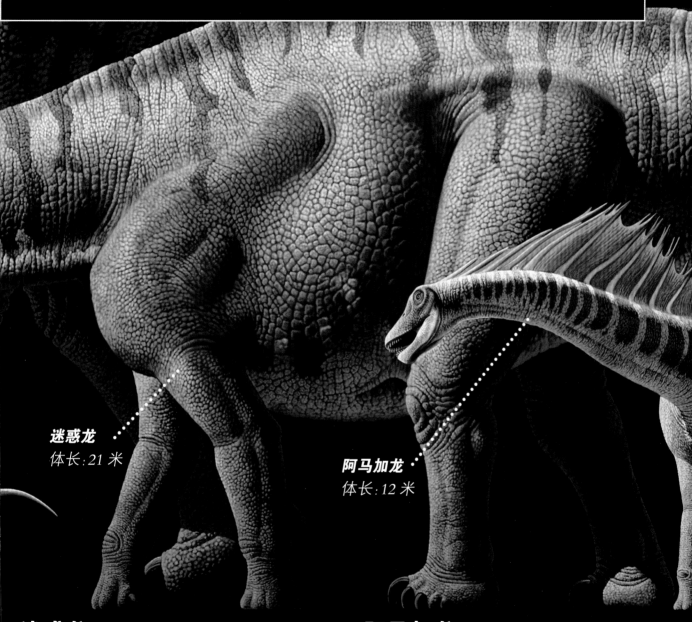

迷惑龙
体长:21 米

阿马加龙
体长:12 米

迷惑龙

迷惑龙体型巨大。尽管如此，科学家认为它仍能后腿直立，竖起身体够着吃树上的叶子。

阿马加龙

阿马加龙的颈部和背部有两排长棘，很可能是外面覆盖着皮肤的帆状物。

美颌龙

美颌龙是迄今发现的最小的恐龙之一，奔跑迅速，肉食性，大小跟今天的火鸡差不多。

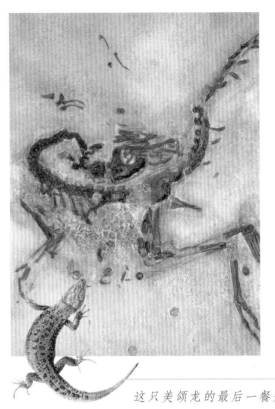

蜥蜴午餐

这件美颌龙化石的胃里有一只蜥蜴残骸。这种蜥蜴行动非常敏捷，因此美颌龙肯定是视觉敏锐且动作迅猛的捕猎高手。

这只美颌龙的最后一餐是一只类似左图的巴伐利亚蜥。

美颌龙的尾部化石显示其皮肤上覆盖着鳞片。

美颌龙

小而致命

美颌龙是非常凶猛的小型恐龙，头比较小，有满口足以致敌死命的利齿。

发现更多

更多关于更小的恐龙的知识，请见58~59页。

19世纪两具完整的美颌龙骨架化石分别发现于法国和德国。

狮子的
牙齿

伤齿龙
的牙齿

人类的
门齿

雷克斯暴
龙的牙齿

可怕的牙齿

食肉动物的牙齿往往尖锐而
锋利,有些还非常非常大!

巨齿龙的
牙齿

*美颌龙可能有羽毛,
但还没有找到直接证
据。*

快捷的运动健将

美颌龙身形矫健,奔跑迅速,用
两条修长的腿奔跑。它们身体
轻盈,长长的尾巴能帮助身体
在急转弯的时候保持平衡,它
还有一条又长又柔韧的脖子。

美颌龙

名字的意思:
长有美丽颌的恐龙

生活的时代:
侏罗纪

食性: 肉食性

41

剑龙 对阵 异特龙

剑龙是大型植食性恐龙，背部生有巨大的骨板。虽然它们体型庞大，但也要小心提防异特龙！

剑龙坚硬的皮肤能抵挡异特龙锋利的牙齿。

搏斗

异特龙如果杀死剑龙，就有够吃几个星期的食物了。让我们一起看看它们如何搏斗吧。

剑龙

名字的意思：
背部有剑形骨板的恐龙

食性： 植食性

异特龙

名字的意思：
奇特的恐龙

食性： 肉食性

生活的时代：
侏罗纪

剑龙

粗壮的腿能支撑沉重的身体，但也让剑龙行动缓慢。

战况：二者体力相当，但异特龙有更大的大脑，因此用智慧取得了胜利。

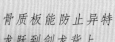
骨质板能防止异特龙跃到剑龙背上。

剑龙尾部生有尖刺,猛力摆尾能刺穿异特龙并将其击倒在地。

异特龙的下巴能张开到让人难以置信的角度,用许多又小又尖的牙齿猛咬猎物。

异特龙有长而敏捷的后腿,跑得飞快。

异特龙

钩状的爪能够抓牢并撕扯猎物的肉。

异特龙能用前肢夹紧剑龙的脖子,再顺势咬它的喉咙。

发现更多

更多关于伶盗龙对阵原角龙的场景,请见56~57页。

如果你来此参观，
能看到大约 1500
仍然嵌在岩石中的
龙骨骼化石。

古生物学家小心地清除岩石以寻找化石。你能认出他们周围的骨骼化石吗？

龙国家纪念公园的巨型化石产地。

化石

这是令人震惊的化石产地,这里发现的侏罗纪恐龙化石比世界其他任何地方的都多,其中包括剑龙、迷惑龙和巨大的肉食性的异特龙!

白垩纪恐龙

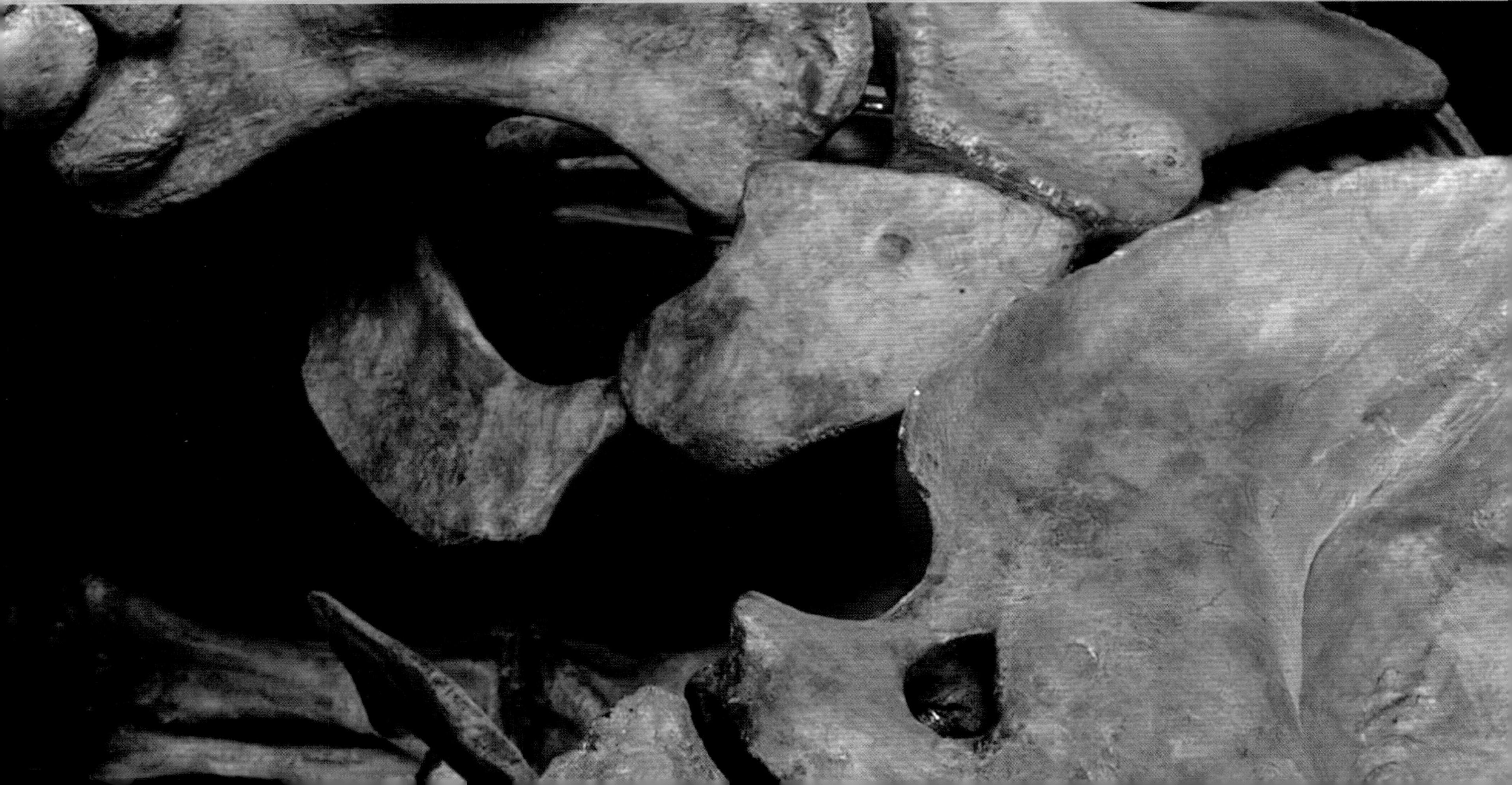

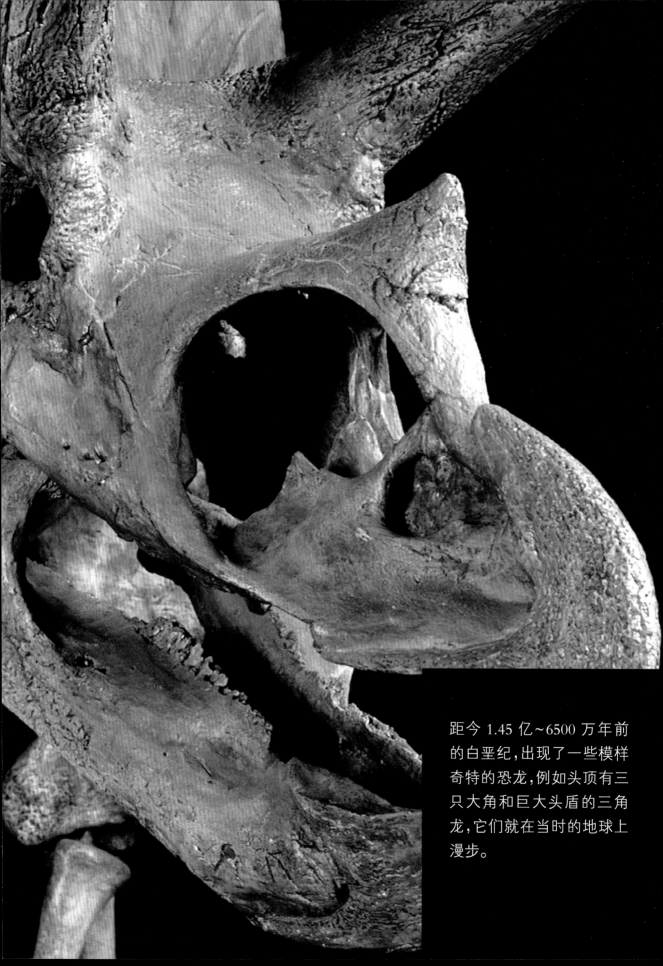

距今 1.45 亿~6500 万年前的白垩纪,出现了一些模样奇特的恐龙,例如头顶有三只大角和巨大头盾的三角龙,它们就在当时的地球上漫步。

白垩纪恐龙大集合

白垩纪的地球上生活着缤纷多样的恐龙：有的庞大，有的瘦小，还有的长着冠、角或者棘。

大鸭龙

格里芬龙

肉食牛龙

高桥龙

犹他盗龙

伤齿龙

阿马加龙

盔头龙

南方巨兽龙

厚甲龙

牛角龙

凹齿龙

重爪龙

伊希斯龙

似鸡龙

多刺甲龙

窃蛋龙

加斯顿龙

鹦鹉嘴龙

驰龙

短冠龙

豪勇龙

单爪龙

禽龙

禽龙是人类最先发现的几种恐龙之一，最早在英国发现，但很快世界各地都发现了它们的化石。

遍布世界的恐龙

禽龙曾经是地球上的常见动物，在北非、中亚、北美和欧洲都发现过它们的化石。

禽龙的牙齿强健有力，能够磨碎粗糙的植物。

锋利的拇指尖爪是防御用的武器。

禽龙

名字的意思：
前肢短、后肢长，像飞禽的恐龙。

生活的时代：
白垩纪

食性： 植食性

禽龙群

人们发现，很多禽龙化石一起存在于地层中，这意味着它们可能是大规模群居动物。

禽龙奔跑迅速，用两条腿或四条腿行走。

棘龙

棘龙的模样非常吓人，背上生有巨大的帆状物，还有非常锋利的牙齿。

捕鱼能手

科学家曾经以为肉食性恐龙只在陆地上猎食，直到发现棘龙才改变这一观点——棘龙既能猎食其他恐龙，也能捕鱼吃！

棘龙背上的巨大帆状物有2米高，由骨质的神经棘支撑。

它的鼻孔在鼻子的顶部，因此头部的大部分可以没入水中。

捕鱼的恐龙

棘龙有锋利的爪，还有边缘生着利齿的长长的上下颌，用这样的装备对付湿滑而机敏的鱼实在太理想了！

棘龙

名字的意思：
有棘的恐龙

生活的时代：
白垩纪

食性： 肉食性

棘龙体型庞大，大小跟雷克斯暴龙差不多。

埃德蒙顿龙

埃德蒙顿龙是体型巨大的鸭嘴龙,以植物为食,
群居生活在沼泽地区。

敏锐的感觉器官

埃德蒙顿龙行动缓慢,但是头骨结构表明它们有很好的视觉、听觉和嗅觉,因此它们能及时发现潜伏在水中的大型爬行动物!

科学家应用最新技术,在一个地区就发现了多达一万只埃德蒙顿龙化石!

鸭嘴龙

鸭嘴龙最著名的特征是头顶的冠。其中有些种类的冠可能有展示和炫耀的作用,有些大概能发出号角一样响亮的叫声。旁边这几种恐龙也属于鸭嘴龙。

冠龙有一个板状的冠。

兰伯龙有一个指向前方的冠。

副栉龙有一个长长的中空的冠。

埃德蒙顿龙鼻子周围的皮肤可能很松弛,炫耀或鸣叫时,可能像气球一样被吹得鼓起来。

埃德蒙顿龙的脊背隆起,凹凸不平。

埃德蒙顿龙

名字的意思:

在加拿大埃德蒙顿发现的恐龙

生活的时代:

白垩纪

食性: 植食性

惊人的头骨

形状各异、大小不同的头骨能告诉我们很多信息,比如:恐龙吃什么,视力如何,甚至它们是如何保护自己的。

戟龙

肿头龙

棘龙

埃德蒙顿龙

恐爪龙

龙王龙

伶盗龙

三角龙

三角龙

三角龙的头骨上生有三只角和巨大的头盾,因此在所有恐龙头骨中最让人印象深刻。

头骨顶部的骨质构造叫作头盾。三角龙的头骨有 **2.5** 米长,长度超过了成年人的身高!

恐龙眼眶越大,视力越好。 **你认为谁的视力最棒呢?**

雌驼龙

栉龙

副栉龙

铸镰龙

特暴龙

原角龙

雷克斯暴龙

冰脊龙

雷克斯暴龙

雷克斯暴龙的头骨大约 1.5 米长。眼眶直径约 10 厘米,意味着它的眼球有网球那么大!

伶盗龙 对阵 原角龙

伶盗龙是凶猛的小型肉食性恐龙，可能群体捕猎。在一群饥肠辘辘的伶盗龙面前，原角龙这样的恐龙是很难幸存的。

原角龙用粗大的尾巴一扫，伶盗龙就失去了平衡。

伶盗龙

原角龙无法确认身后伶盗龙的位置。

搏斗

伶盗龙围猎与其体型相近的原角龙，谁会胜利呢？

伶盗龙体表有轻盈的羽毛。

一旦掀翻原角龙，伶盗龙就会伸出匕首般的利爪，牢牢抓住原角龙。

伶盗龙

名字的意思：
敏捷如盗贼般的恐龙

食性： 肉食性

原角龙

名字的意思：
最早的长角的恐龙

食性： 植食性

生活的时代：
白垩纪

战况：原角龙能击伤伶盗龙，但是一只原角龙绝不是一群伶盗龙的对手。

伸出每只脚趾上的利爪，猛插进原角龙体内。

原角龙

头颅厚重。锋利的硬嘴能叼住并咬伤伶盗龙。

细小而锋利的牙齿能撕开原角龙坚韧的皮肤。

伶盗龙

原角龙

恐龙大战

1971 年，人们在蒙古的戈壁沙漠里发现两具恐龙化石——紧紧扭打在一起的伶盗龙和原角龙。

能滑翔的恐龙

小盗龙于 2000 年在中国被发现,是迄今已知最小的恐龙。它的四肢上有羽毛,因此被认为能伸展四肢,在森林中滑翔。

滑翔时,菱形的尾部能帮助小盗龙保持身体平衡。

没人知道它的羽毛是什么颜色的,也许很亮丽呢!

是龙是鸟?

很多古生物学家认为小盗龙是现生鸟类的祖先。

小盗龙的前翅上有爪，
可能是用来爬树的。

甲龙

甲龙和加斯顿龙都属于甲龙类。它们都是素食者而且都行动缓慢，但是都有超级坚硬的防御装备哟。

谁要是被甲龙的尾巴扫一下，肯定会伤得很厉害。

甲龙

加斯顿龙

这样的恐龙肯定难以在赛跑中取胜，但它们挥舞棒状尾巴的动作还是相当敏捷的。

加斯顿龙有能保护眼睛的骨板。

甲龙

名字的意思：
披甲的恐龙

生活的时代：
白垩纪

食性： 植食性

身体装甲

甲龙最好的防御武器就是自己的身体。骨板或结节有规律地排列，构成结实的装甲，很好地保护着它们矮壮沉重的身体。

要想对付这些超级堡垒般的恐龙，唯一的办法是把它们底朝上翻过来

如何避免成为猎物

有些甲龙可能以群居方式生活。另外一些植食性恐龙,如原角龙,也以群体的方式生活。受到攻击的时候,它们会彼此保护。

能自卫的尾巴

尾巴是恐龙大战中的关键武器。尾巴猛然一甩,甚至有可能吓退或击伤最凶猛的捕食者。

甲龙有一个骨质的、棒状的尾巴,能强有力地摆动。

肯氏龙和剑龙都有带刺的尾巴,能穿透敌人的皮肤。

超龙可能也挥舞尾巴打击敌人。

61

再攻其腹部。

威猛的雷克斯暴龙

想象一下与这颗硕大的头颅以及镶着 58 颗巨齿的血盆大口面对面的场景吧——跟雷克斯暴龙大声说"你好"！

恐龙巨无霸

雷克斯暴龙是一种体型巨大的恐龙,有巨大的头和强有力的后腿,短小的前肢几乎够不到自己的嘴。

一头雷克斯暴龙有 200 名 8 岁儿童那么重！

雷克斯暴龙

名字的意思:

残暴的恐龙之王

生活的时代:

白垩纪

食性: 肉食性

可怕的牙齿

雷克斯暴龙牙齿的边缘像刀子一样锋利,粗细和香蕉差不多,能刺穿猎物的肌肉,咬碎猎物的骨头。

它的咬合力是狮子咬合力的 8 倍!

雷克斯暴龙的嘴巴可以张得非常大,甚至能吞下整只小型恐龙。

雷克斯暴龙和它的朋友们

人们曾经以为雷克斯暴龙是独居的,但是后来在蒙古的戈壁沙漠发现的化石表明它们也可能是群居的。

63

重大发现

因祸得福

都因为一次爆胎

1990 年夏天，美国古生物学家苏·亨德里克森正在美国南达科他州寻找化石，她们那个古生物考察队的汽车突然爆胎了。其他人忙着修补轮胎，苏就步行去查看一处她早前发现的岩石。结果那里就保存着迄今已知最大的雷克斯暴龙化石。这只恐龙因此被命名为"苏"。

"苏"生活在距今 6700 万

迄今为止发现的最大最完整的雷克斯暴龙

翻到下一页，看看考察队是如何把"苏"挖掘出来并组装成完整骨架的。

苏·亨德里克森和她的队友与雷克斯暴龙"苏"的头骨合影。

很棒的展览

实际上，博物馆展出的完整骨架是"苏"的高仿真复制品。真品没有公开展览，因为实在太珍贵了，已经妥善保管起来，以免损坏。

"苏"的头骨和牙齿都非常大。幸运的是，它现在既不能到处游荡也不能攻击我们！

苏"几岁了?

'苏"一起埋藏并成为化石的有植物，因此古植物学家研这些植物化石进而推测"苏"活的地质年代。地质学家也究了化石周围的岩石。综合述研究结果后，科学家得出论："苏"生活在距今大约00 万年前。

研究人员用扫描仪扫描了"苏"的骨骼化石，然后在电脑上合成"苏"的数码影像。

骨头侦探

研究"苏"的骨头后，研究人员发现：

• "苏"在跟其他恐龙的搏斗中曾几度负伤，甚至发生过骨折，但后来又愈合了。

• "苏"的骨头还有关节炎的迹象，这是一种人类老化过程中也会发生的骨病。

"苏"的挖掘

"苏"在哪里？

"苏"在美国南达科他州被发现，很多化石都是在那里被发现的。苏·亨德里克森和队友还在那里发现了埃德蒙顿龙化石。

野外挖掘

考察队员用小型工具和毛刷小心地移除周围岩石，使"苏"的骨头暴露出来。6 个人花了 17 天才把"苏"挖出来。

清理化石

化石专家用小型工具仔细清理，去除骨骼间黏附的岩石碎屑。照片中的工作人员正在清理"苏"的颌骨。

修复化石

古生物学家仔细研究每一块骨头，有些化石还需要修补。"苏"的头骨在岩石中受到过挤压，因此工作人员一共花了 3500 个小时才将其修复！

科学家认为"苏"死亡时有 28 岁，对恐龙来说，这个年龄很可能就是寿星啦

化石保护

他们在"苏"的周围挖出一道沟槽。然后往里面灌注石膏液，石膏凝固并硬化后，就能保护里面的化石。

运回实验室

古生物学家用大卡车把"苏"运回实验室。一路上他们必须格外小心，以免损坏化石。

填补空缺

有几块"苏"的骨骼缺失了，古生物学家需要推测这些骨头的位置和形状，再制作塑料模型填补空缺。

完整的"苏"

"苏"的骨头被一块块地组装起来。目前世界上最完整的雷克斯暴龙化石骨架就这样诞生啦。"苏"的一件复制品正在芝加哥展出。

三角龙

三角龙的体型很像犀牛，它们头颅巨大，是白垩纪非常可怕和著名的动物。

三只角

三角龙头顶有三只大角，脖子上还有一个引人注目的头盾。在争夺异性的战斗中，雄性三角龙可能互相撞击头部并以角对顶。

头盾可能有帮助三角龙调节体温的作用。

每只角都有1米多长！

三角龙用喙状的硬嘴撕扯食物。它有多达800颗牙齿，能够磨碎粗糙的植物。

惊人的头颅

三角龙是角龙科家族的一员。角龙科恐龙都有令人印象深刻的头部造型。

防御

三角龙群居生活以保证安全,还能用角自卫。它们身体强壮,能打败大型食肉动物,甚至可能击败雷克斯暴龙。

三角龙

名字的意思:
有三只角的恐龙

生活的时代:
白垩纪

食性: 植食性

恐龙时代的终结

化石证据表明,大约 6500 万年前,因为某种原因,很多恐龙突然从地球上消失了。没有人知道究竟发生了什么。

陨石 来自太空的灾难?

有证据表明,一颗巨大的陨石(来自外太空的石块)在 6500 万年前撞击了地球,撞击点就在墨西哥的尤卡坦半岛。

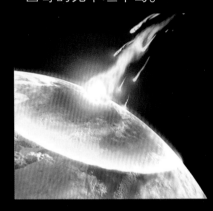

陨石可能以 55 千米 / 秒的速度飞行,撞击时产生巨大的冲击力!

陨石撞击引发世界范围的地震、海啸和火山喷发。

火山喷发产生的火山灰云可能使植物死亡,并阻挡射向地表的太阳光。

菊石

其他生物灭绝情况

很多会飞的爬行动物、海洋爬行动物,以及其他一些海洋生物(例如菊石)也在大约 6500 万年前同时灭绝了。

很多动物在这场陨石撞击灾难中幸存下来,成为今天我们所能看到的生物,

陨石撞击可能
引起长时间的
气候变化,因此
地球再也不适
合大型恐龙
生存了。

再见,恐龙

从此以后,地球上再没出现过像
恐龙这样身躯庞大,强壮有力,令
人震惊的陆生动物。

其中的原因仍是待解之谜。

恐鸟生活在距今 6000 万
到 200 万年前的北美洲和南美洲。

恐鸟

这些凶猛的鸟如今已经灭绝了。它们可能与恐龙和今天的鸟类都有亲缘关系。

恐鸟

恐鸟站立时有 2.5 米高。

鸟类中空的骨骼不利于化石形成，因此我们很难找到鸟类演化过程的证据。

今日恐龙

如果恐龙并没有全部灭绝呢？很多人认为鸟类与恐龙有关。

始祖鸟

始祖鸟

始祖鸟是生活在侏罗纪的恐龙，也是已知最早的鸟。它们有羽毛，也有牙齿和骨质的尾巴。

麝雉

麝雉雏鸟的翅膀上有爪，可用来攀爬树枝，也许跟始祖鸟有点儿像哟。

鸡

科学家近日比较了鸡和雷克斯暴龙的骨骼测试结果，发现它们有很多相似之处！

食火鸡

生活在新几内亚岛和澳大利亚的食火鸡头顶都有一个角状的冠，像兰伯龙一样（参见 18~19 页和 53 页）。

发现之旅

科学家认识恐龙的历史只有大约 200 年，全世界不断涌现出新的证据。

1824 年

英国科学家威廉·巴克兰宣布普劳特保管的那件大骨属于一种大型生物，并称其为巨齿龙。1841 年这些动物首次被称为"恐龙"。

公元初年

在中国有人发现了巨大的骨头，并认为是神话中的龙。事实上这些骨头可能就是恐龙化石。

1825 年

吉迪恩·曼特尔在英格兰发现并命名了禽龙。

禽龙

1676 年

罗伯特·普劳特在英格兰发现一块巨大的骨头，很可能就是恐龙化石，但发现者认为它是某种巨人的骨头。

1823 年

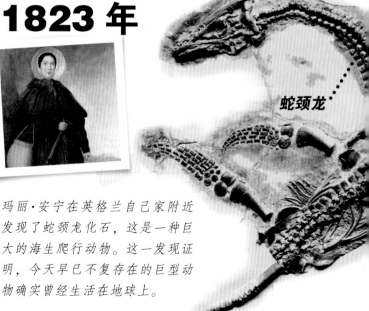

蛇颈龙

玛丽·安宁在英格兰自己家附近发现了蛇颈龙化石，这是一种巨大的海生爬行动物。这一发现证明，今天早已不复存在的巨型动物确实曾经生活在地球上。

技术进步和化石发现不断带给我们新的恐龙信息。下一个新发现会是什么吗

鹰 ....

1938 年

美国人罗兰·伯德在美国德克萨斯州的玫瑰谷发现巨型肉食性恐龙和蜥脚类恐龙的脚印化石。

2005 年

关于始祖鸟的研究表明鸟类与恐龙有亲缘关系。

1990 年

苏·亨德里克森发现迄今已知最大、最完整的雷克斯暴龙化石。

1923 年

美国的罗伊·查普曼·安德鲁斯率领一支探险队在蒙古首次发现了完整的恐龙蛋化石——窃蛋龙的蛋化石。

2010 年

人类首次知道恐龙的颜色——近鸟龙羽毛化石的研究表明其为黑白两色。

词汇表

白垩纪
距今 1.45 亿 ~ 6500 万年前的一个地质年代，位于侏罗纪后，是中生代最后一个纪。恐龙仍然是陆地霸主，并出现了很多新的恐龙，鸟类和哺乳类动物发展迅速。陆生裸子植物仍然繁盛，但开始出现被子植物，昆虫在这个时期开始多样化，但到白垩纪末期，所有恐龙物种全体灭绝，至今仍然是未解之谜。

哺乳动物
一种恒温脊椎动物，体表覆盖毛发，绝大部分为胎生，雌性动物分泌乳汁哺育后代，人类也属于哺乳动物。

代
地质年代单位，对应地球历史上很长的一段时间。地球的地质年代包括太古代、元古代、古生代、中生代和新生代。

粪化石
变成化石的动物粪便。

骨架
一个动物身体里的所有骨头。

古生物学家
研究史前生物的科学家。

化石
古代动植物的遗骸或遗迹，是保存在地层中的动物的遗体、脚印或植物石化而成的。

纪
"代"之下的地质年代单位，恐龙出现于中生代的三叠纪、侏罗纪和白垩纪。

甲龙
鸟臀目恐龙中的一种，体型低矮粗壮，全身披有骨质甲板，以植物为食，主要出现于白垩纪早期。化石分布很广，在现今的亚洲、欧洲、北美洲等地都有所发现。

剑龙
鸟臀目恐龙中的一种，四足行走，以植物为食，背部具有直立的骨板，尾部有骨质刺棒，剑龙主要生活在侏罗纪到早白垩纪，在地球上分布很广，是恐龙中最先灭绝的一个大类。

角龙科恐龙
鸟臀目恐龙中的一类，四足行走的素食恐龙。特点是头骨后部扩大成头盾，多数生活在白垩纪，我国北方发现的鹦鹉嘴龙即属角龙科的祖先类型。角龙科包括与霸王龙齐名的三角龙，温顺的原角龙等。

恐龙
多为大型爬行动物，有四肢，皮肤表面通常覆盖着鳞片或羽毛。恐龙在陆地产卵并生活，可以根据其臀部结构分为蜥臀目和鸟臀目两大类，在距今 6500 万年前灭绝，但是部分恐龙的后代——鸟类，依然繁衍至今。

灭绝
本书中是指某种或某类生物死亡或消失，不复存在。

猎物
被其他动物捕食的动物。

鸟脚类恐龙
鸟臀目恐龙中的一种，它们两足或四足行走，下颌骨有单独的前齿骨，牙齿仅生长在颊部，上颌牙齿齿冠向内弯曲，下颌牙齿齿冠向外弯曲。它们生活在晚三叠纪至白垩纪，全都是素食恐龙，如：鸭嘴龙、禽龙等。

爬行动物

体表有鳞片或甲，卵生，体温不恒定的动物。蛇、鳄鱼和恐龙都属于爬行动物。

三叠纪

距今 2.51 亿 ~1.99 亿年前的一个地质时代，是中生代的第一个纪。三叠纪中爬行动物和裸子植物崛起，恐龙最早出现于该纪，三叠纪的开始和结束各以一次生物大灭绝为标志。

伤齿龙

一种小型兽脚类恐龙，善于捕猎，身长约 2 米，高度为 1 米，重 60 千克。伤齿龙拥有非常修长的四肢，可以快速奔跑。伤齿龙前肢较长，可以像鸟类一样向后折起，而前爪拥有可以用于抓握的拇指。与身体相比，伤齿龙的脑容量比例最大，因此它可能是历史上最聪明的恐龙。

生物大灭绝

由未知原因引发古生物大规模的集群灭绝，多种生物在很短的时间内彻底消失或仅有极少数存留下来。地球上已经发生过多次。

食肉动物

以其他动物为食的动物。

兽脚类恐龙

蜥臀目恐龙的一种，性情凶猛，以其他动物为食，大部分两足行走，趾端长有锐利的爪子，牙齿锋利，大脑通常也比食草恐龙发达。

头盾

巨大的、覆盖着皮肤的扇状或翼状骨板，生长在一些恐龙的头部或颈部。

蜥脚类恐龙

蜥臀目恐龙的一种，性情温和，以植物为食，通常躯体庞大，有长长的脖子和很长的鞭状尾巴。

翼龙

会飞的爬行动物，与蝙蝠一样具有由伸展的皮肤构成的翼。与恐龙生活在同一时期。

鱼龙

与恐龙同时代生存的大型水生爬行动物。

陨石

从太空坠落到地球上的岩石或金属。

侏罗纪

距今 1.99 亿 ~1.45 亿年前的一个地质年代，位于三叠纪之后，恐龙成为陆地的统治者，翼龙类和鸟类出现，哺乳动物开始发展。陆生的裸子植物发展到极盛期。软骨硬鳞鱼类逐步被真骨鱼代替，水生无脊椎动物及昆虫迅速发展。

族群

一起生活或迁徙的动物群体。

破壳而出的原角龙宝宝。

索引

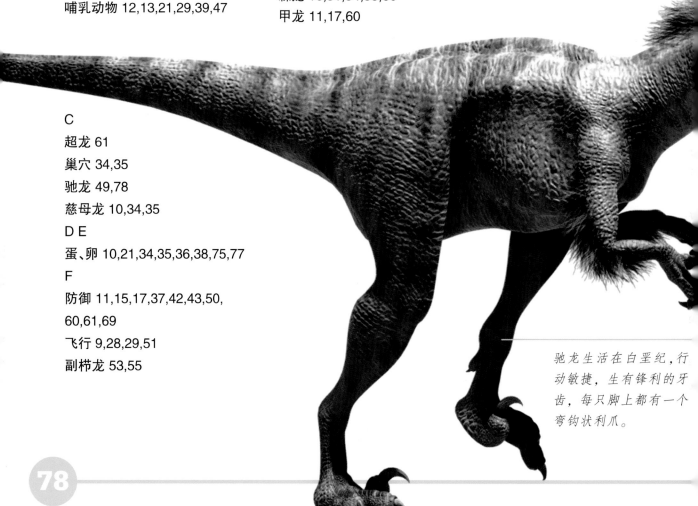

驰龙生活在白垩纪，行动敏捷，生有锋利的牙齿，每只脚上都有一个弯钩状利爪。

致谢

出版者感谢下列机构和个人允许使用他们的图片。

Photography

6 - 7: Dorling Kindersley/Getty Images; 8bl: defpicture/Shutterstock; 9cr: Louie Psihoyos/Getty Images; 10 - 11(background): Nataliia Natykach/Shutterstock; 10 - 11 (all frames): Iakov Filimonov/Shutterstock; 11tr: Francois Gohier/Photo Researchers, Inc.; 12 (dragon?y): Media Bakery; 13 (human): Image Source/Corbis; 18 - 19: Stephen J Krasemann/age fotostock; 19cl: Mark Garlick/Science Photo Library; 19cr: Francois Gohier/Photo Researchers, Inc.; 20tl: thinkdo/Shutterstock; 20tr: Terence Walsh/Shutterstock; 20bl: Francois Gohier/Photo Researchers, Inc.; 20bc: Vladimir Sazonov/Shutterstock; 20br: Mariya Bibikova/iStockphoto; 21tl: Ted Kinsman/Photo Researchers, Inc.; 21tr: Sinclair Stammers/Photo Researchers, Inc.; 21bl: British Antarctic Survey/Science Photo Library; 21br: Philip Hattingh/iStockphoto; 22 - 23 (skull): Jim Lane/Alamy; 23tr: Paul D Stewart/Science Photo Library; 23cr: Science Source/Photo Researchers, Inc.; 24 - 25: All rights reserved, Image Archives, Denver Museum of Nature & Science; 29crt: iStockphoto/Thinkstock; 30br: Boris Mrdja/iStockphoto; 32 - 33 (all): Louie Psihoyos/Science Faction/Corbis; 34l: Louie Psihoyos/Corbis; 35tl: AP Photo/Denis Finnin and Mick Ellison, copyright American Museum of Natural History; 36br: Chris Waits/?ickr; 37bl: Francois Gohier/Photo Researchers, Inc.; 37br: Gamma–Keystone via Getty Images; 40tl: NHPA/SuperStock; 40cl: iStockphoto/Thinkstock; 41tr: Louie Psihoyos/Getty Images; 41 (all other teeth): Colin Keates/Getty Images; 44 - 45: Louie Psihoyos/Getty Images; 46 - 47: Francois Gohier/Photo Researchers, Inc.; 53tl: Albert Copley/Visuals Unlimited/Corbis; 53tc: Stephen J Krasemann/age fotostock; 53tr: D. Gordon E. Robertson/Wikipedia; 54 (Styracosaurus): Ira Block/National Geographic/Getty Images; 54 (Pachycephalosaurus): Ballista from the English Wikipedia; 54 (Spinosaurus): author Kabacchi, uploaded by FunkMonk/Wikipedia; 54 (Edmontosaurus): Wikipedia; 54 (Dracorex): Wikipedia; 54 (Deinonychus): Thinkstock; 54(Velociraptor): Thinkstock; 54 (Triceratops): Science Faction/SuperStock; 55(Parasaurolophus): D. Gordon E. Robertson/Wikipedia; 55 (Ingenia): Wikipedia; 55 (Saurolophus): Natalia Pavlova/Dreamstime; 55 (Falcarius): Paul Davies/Dreamstime; 55 (Tarbosaurus): Rozenn Leard/Dreamstime; 55 (Protoceratops): Francois Gohier/Photo Researchers, Inc.; 55 (Tyrannosaurus): Marques/Shutterstock; 55 (Cryolophosaurus): Wikipedia; 57br: Louie Psihoyos/Corbis; 60 - 61: Francois Gohier/Photo Researchers, Inc.; 64 - 65: Millard H. Sharp/Photo Researchers, Inc.; 64bl, 64br: Black Hills Institute; 65tr: AP Photo/Randy Squires; 66tl, 66tr: Black Hills Institute; 66bl: Corbis; 66br: The Field Museum;

67tl, 67tr: Black Hills Institute; 67bl: National Geographic Stock; 67br: Craig Lovell/Corbis; 70tc, 70tr, 70bl, 70bc: Thinkstock; 73ct: Vladimir Sazonov/Shutterstock; 73cm: Tony Camacho/Photo Researchers, Inc.; 73cb, 73b: Thinkstock; 74 - 75 (timeline): Anton Prado Photo/Shutterstock; 74tl: Thinkstock; 74bl: Roblan/Shutterstock; 74bc: public domain; 74br: Natural History Museum, London/Photo Researchers, Inc.; 75tr: Thinkstock; 75c: Black Hills Institute; 75br: Viorika Prikhodko/iStockphoto.

Artwork

1: Cary Wolinsky/Getty Images; 4 - 5 (background): MasPix/Alamy; 8tl: Francois Gohier/Photo Researchers, Inc.; 12 (tetrapod): Victor Habbick Visions/Photo Researchers, Inc.; 12 (Coelophysis): Natural History Museum, London/Science Photo Library/Photo Researchers, Inc.; 12 - 13 (Allosaurus): Roger Harris/Photo Researchers, Inc.; 17tr: Natural History Museum, London/Science Photo Library/Photo Researchers, Inc.; 29tr: photobank.kiev.ua/Shutterstock; 34 - 35: Natural History Museum, London; 35bl: Christian Darkin/Photo Researchers, Inc.; 35br: Chris Howes/Wild Places Photography/Alamy; 36 - 37 (t background): MasPix/Alamy; 39t: Computer Earth/Shutterstock; 40 - 41: AlienCat/Bigstock; 41cr: Linda Bucklin/Shutterstock; 51l: Walter Myers/Photo Researchers, Inc.; 58 - 59: Craig Chesek, copyright American Museum of Natural History; 62l: Roger Harris/Photo Researchers, Inc.; 62 - 63: DM7/Shutterstock; 63br: Roger Harris/Photo Researchers, Inc.; 65b: Tim Boyle/Getty; 68 - 69 (background): Christian Darkin/Photo Researchers, Inc.; 68bl: Ozja/Shutterstock; 69t: Christian Darkin/Photo Researchers, Inc.; 70tl: Thinkstock; 71: Julian Baum/Photo Researchers, Inc.; 73t: Ralf Juergen Kraft/Shutterstock; 77: Chris Howes/Wild Places Photography/Alamy; all other artwork: pixel–shack.com.

Cover

Background: Baloncici/Crestock. Front cover: (tl) Handout/Reuters/Corbis; (c) Radius Images/Corbis; (bl) Phil Degginger/Alamy; (br) Friedrich Saurer/Photo Researchers, Inc. Spine: pixel–shack.com. Back cover: (tl) Corbis; (tcl) pixel–shack.com; (tcr) Dreamstime; (tr) pixel–shack.com; (computer monitor) Manaemedia/Dreamstime.